EXPÉRIENCES

SERVANT A DÉMONTRER QUE

LA PATHOLOGIE

DES ANIMAUX A SANG FROID

EST EXEMPTE DE L'ACTE MORBIDE QUI,

DANS LES ANIMAUX A SANG CHAUD,

A REÇU LE NOM

D'INFLAMMATION.

PAR LE DR ROBERT LATOUR,

Membre résidant de la Société de Médecine du département de la Seine,
Membre correspondant de l'Académie des Sciences de Dijon.

PARIS,

TYPOGRAPHIE DE FIRMIN DIDOT FRÈRES,

IMPRIMEURS DE L'INSTITUT,

RUE JACOB, 56.

1843.

EXPÉRIENCES

SERVANT A DÉMONTRER QUE

LA PATHOLOGIE

DES ANIMAUX A SANG FROID

EST EXEMPTE DE L'ACTE MORBIDE QUI,

DANS LES ANIMAUX A SANG CHAUD,

A REÇU LE NOM

D'INFLAMMATION.

PAR LE DR ROBERT LATOUR,

Membre résidant de la Société de Médecine du département de la Seine,
Membre correspondant de l'Académie des Sciences de Dijon.

PARIS,

TYPOGRAPHIE DE FIRMIN DIDOT FRÈRES,

IMPRIMEURS DE L'INSTITUT,

RUE JACOB, 56.

1843.

1844

EXPÉRIENCES

*Servant à démontrer que la pathologie des animaux à sang froid est exempte de l'acte morbide qui, dans les animaux à sang chaud, a reçu le nom d'*INFLAMMATION.

Au milieu de l'anarchie qui signale aujourd'hui la science médicale, l'esprit se soulage en s'attachant aux travaux fructueux des savants qui, sans égard aux opinions plus ou moins fragiles qu'ils ont trouvées établies, s'adressent avec persévérance à l'expérimentation pour en obtenir la vérité. De toutes les voies d'investigation, c'est la plus féconde à la fois et la plus sûre pour la solution des divers problèmes offerts par l'organisme; et les nombreuses et intéressantes recherches des Magendie, des Ch. Bell, des Flourens, etc., etc., disent assez quel secours on en peut tirer dans l'étude des phénomènes de la vie. Soit qu'il y ait analogie de structure, soit au contraire que l'organisation de l'animal sur le-

1.

quel on opère s'éloigne de celle de l'homme, toujours les résultats observés fournissent de précieux enseignements. Mais ces enseignements, il faut les accepter quels qu'ils soient, et ne pas perdre de vue qu'en se prononçant, les faits peuvent être contraires au préjugé, jamais à la raison. Si les expérimentateurs s'étaient constamment tenus à l'abri de toute prévention; si, comparant habilement des phénomènes ou semblables, ou divers, ils s'étaient garantis avec soin de l'illusion, jamais ils n'eussent rencontré de détracteurs. Mais souvent les faits ont été proclamés avant d'avoir été suffisamment constatés; des phénomènes ont été légèrement attribués à des causes qui n'en étaient point responsables; quelques écrivains ont cru même devoir renchérir sur les découvertes annoncées; et trop fréquemment, il faut le dire, les auteurs ont compté, pour leur crédit, sur l'embarras et la difficulté d'une vérification.

Ces réflexions me sont inspirées par les résultats proclamés, admis, et jusqu'à ce jour incontestés, des diverses expériences dirigées dans le but d'étudier l'acte morbide de l'inflammation. C'est sur la grenouille que ces expériences, pour la plupart, ont été pratiquées, et mon travail a pour objet de démontrer *que cet animal, ainsi que les autres animaux à sang froid, n'est point susceptible de cet acte pathologique.* Mais avant d'établir par l'expérimentation ce fait curieux de pathologie comparée, il importe de justifier cette dénomination d'animaux à sang froid imposée aux vertébrés inférieurs; de démontrer, par des expériences non équivoques, que ces êtres, malgré des assertions contraires, sont complétement privés d'une température propre, et qu'ils partagent ainsi d'une manière absolue la température du milieu dans lequel ils vivent.

Une carpe de trente-cinq centimètres de longueur sur une largeur de treize, et une épaisseur de cinq, me fut apportée dans un vase contenant huit litres d'eau à la température de 11°,60, température complétement partagée par l'animal. Celui-ci fut retenu par des liens au fond de l'eau, afin d'éviter le contact de l'air qui alors était à 12°, mais qui, pouvant varier, aurait pu altérer la valeur de l'expérience. A une heure vingt-huit minutes, au moyen d'une petite quantité d'eau bouillante, le milieu dans lequel vivait la carpe s'éleva à 14°. A une heure cinquante minutes, de 11°,60 l'animal était monté à 12°,60, en même temps que de 14°, l'eau était descendue à 13°,50. A deux heures dix minutes, l'équilibre de température était parfaitement établi : l'eau et la carpe se rencontraient à 13°. J'ajoutai alors cinq cents grammes de glace qui, à deux heures vingt mi-

nutes, ayant fait tomber la température de l'eau
à 11°,5o, avaient déjà fait descendre celle de la
carpe à 12°,5o. La glace ne fut entièrement fon-
due qu'à deux heures vingt-sept minutes, et l'eau
se trouvait alors à 10°,6o, la carpe à 12°,25. A
deux heures quarante minutes l'eau remontant
un peu était à 10°,7o, tandis que la carpe était à
11°,5o. J'ajoutai alors un kilogramme de glace
qui, entièrement fondu à trois heures quinze minutes, mit l'eau à 7°,5o et l'animal à 8°,5o. Enfin, à trois heures quarante-cinq minutes, l'eau
et la carpe étaient en équilibre de température
à 7°,75. Alors fut changée l'eau du bassin, et se
trouvant immédiatement plongé dans un liquide à 11°, l'animal avait déjà en quinze minutes
obtenu plus d'un degré. A quatre heures cin-
quante-sept minutes l'équilibre de température
était établi à 10°,8o, pour s'élever à 11° à cinq
heures cinq minutes; degré qui resta le même
jusqu'au lendemain, et qui était exactement celui
de l'eau contenue dans le lieu de l'expérience.

Après un tel fait, il était suffisamment prouvé
à mes yeux, que la carpe ne développe point
de calorique et qu'elle suit toujours, et d'une
manière absolue, la température du milieu dans
lequel elle vit. Toutefois, il n'était pas sans inté-
rêt de confirmer une telle proposition, en répétant l'expérience sur le même animal, mais

après l'avoir privé de la vie. Je ne reproduirai point ici les détails de cette nouvelle opération; il me suffit de dire que, mort ou vivant, l'animal, sous le rapport de la température, s'est exactement comporté de la même manière.

Voulant aussi faire porter sur la grenouille les expériences propres à établir que l'inflammation est étrangère à la pathologie des animaux à sang froid, je devais encore vider à l'égard de ce batracien la question de la chaleur animale, comme je venais de le faire pour la carpe. L'expérience fut commencée à midi vingt-sept minutes sur une forte grenouille vivant dans une eau à 14°, température qu'elle partageait complétement. Ce liquide fut immédiatement porté à 32°, et déjà à midi trente minutes l'animal avait atteint 25°,50. Trois minutes après, il était à 30°, l'eau étant descendue à 31°. A midi trente-huit minutes le niveau était parfait à 29°,75. A midi quarante-cinq minutes, se refroidissant par l'action de la température extérieure, l'eau était descendue à 28°,25, l'animal maintenant le thermomètre à 28°,80. A midi cinquante minutes, l'eau était à 27°, l'animal à 27°,75. A midi cinquante-cinq minutes, l'eau était à 26°, l'animal à 27°. L'eau fut alors changée et mise à 13°: l'animal à une heure avait déjà perdu six degrés; et à une heure cinq minutes, il n'était plus qu'à

16°,80, l'eau étant remontée à 14°,25, soit par la chaleur que lui avait communiquée le vase dont la température au moment du changement se trouvait à 26°, soit par la chaleur que pouvait céder l'animal lui-même. A une heure seize minutes, l'eau et la grenouille faisaient monter le thermomètre au même degré 14,90. Alors, fut ajoutée au liquide une suffisante quantité de glace pour le faire descendre à 3°,50; il était en ce moment une heure vingt-sept minutes, et l'animal était tombé à 7°,50. Trois minutes après, il était à 6°,50, tandis que l'eau était remontée à 4°,25. A une heure trente-huit minutes, l'eau était à 5°, l'animal à 5°,25. A une heure cinquante-cinq minutes, le niveau était établi à 6°. A deux heures douze minutes, se réchauffant progressivement par l'action de la température extérieure, l'eau faisait remonter le thermomètre à 8°, tandis que l'animal ne le faisait remonter qu'à 7°,50; et l'équilibre s'établit à trois heures trente minutes à 11°, l'eau ayant jusqu'à ce moment constamment devancé l'animal d'un quart de degré au moins. A six heures, le thermomètre plongé soit dans l'eau, soit dans le sein de l'animal, marquait 12°,50, comme l'eau qui se trouvait dans le lieu de l'expérience; et le lendemain matin, ce même niveau s'était maintenu. Ainsi, à dater de deux heures douze mi-

nutes, se réchauffant sous l'influence de l'atmo-
sphère, l'eau s'est maintenue à un quart de
degré, et parfois davantage, au-dessus de la température de l'animal; d'où il faut induire que
celui-ci recevait du calorique au lieu d'en fournir; et l'équilibre se rétablissant définitivement,
autorise cette conclusion : *que la grenouille, non
moins que la carpe, partage la température du
milieu dans lequel elle vit, et qu'ainsi elle ne possède point de température propre.*

En constatant ainsi par l'absence complète de
chaleur animale, la distance qui sépare les animaux à sang froid des animaux à sang chaud, je
ne prétends pas doter ceux-ci d'une température fixe et invariable : subissant l'action de la
température extérieure, la chaleur animale chez
eux peut monter ou descendre, mais jamais avec
la même promptitude que chez les animaux à
sang froid, parce qu'ils la balancent à certain
degré par la faculté qu'ils possèdent de produire
et de dépenser du calorique. Et quand on voit
les actes physiologiques se restreindre, dans
certaines classes, d'une manière si remarquable,
il ne faut plus être surpris que la pathologie à
son tour resserre ses limites. Quelles que soient
d'ailleurs les inductions plus ou moins directes
qu'il fût permis de tirer de ces différences physiologiques, c'est à l'expérimentation à pronon-

cer d'une manière définitive dans cette question de savoir si les animaux à sang froid sont susceptibles d'inflammation ; et cette expérimentation devra être d'autant plus convaincante, les résultats devront en être d'autant plus évidents, qu'il s'agit ici de réviser des expériences antérieures auxquelles l'erreur a, de longue date, emprunté, ou plutôt dérobé une sorte de consécration. Parmi ces expériences, il en est qui sont parfaitement exactes, mais qui, n'ayant pas été poussées assez loin, ont conduit à des propositions inexactes, ou du moins hasardées, tandis que d'autres n'ont de base que l'illusion ; et l'on serait même tenté de croire que parfois à cette source d'erreur sont venus s'ajouter des moyens de succès moins excusables. Pratiquées d'abord par le grand Haller, ces expériences furent plus tard répétées par Wilson Philips, Ch. Hasting, Thomson, etc., qui tous, annonçant seulement ce qu'ils avaient produit, ne pouvaient que s'accorder sur les effets obtenus. Mais ces effets furent par eux mal interprétés ; et ce fut d'autant plus regrettable, que le monde médical s'est rangé sans résistance à l'autorité de leurs noms. Ces physiologistes se servirent principalement de l'ammoniaque pour développer la rougeur sur les tissus de la grenouille, et l'on peut aisément ment vérifier tous les résultats qu'ils en obtinrent. Si l'animal est vivace, on voit au microscope la marche des globules sanguins augmenter d'abord de vitesse dans le point touché par l'alcali, pour se ralentir et s'arrêter enfin à mesure que la rougeur se prononce. Que si l'animal manque d'énergie, la circulation, déjà peu rapide, s'arrête tout à coup à la première impression de l'ammoniaque, et le point touché se montre, comme dans les conditions précédentes, sous une couleur rouge assez foncée. Appuyés sur de tels résultats, ces savants physiologistes annoncèrent que *si l'accélération du cours du sang marque le début de l'inflammation, cette accélération ne tarde pas à faire place au ralentissement ; et que ce dernier phénomène commence même assez fréquemment la scène morbide.*

Certes, je suis loin de dire que les choses ne se passent point ainsi dans l'acte inflammatoire; mais pour faire ressortir de l'expérience une telle proposition, il était indispensable de s'assurer que cette rougeur des membranes, cette accélération et ce ralentissement de la circulation se rattachent bien réellement à l'inflammation, et ce fut la chose à laquelle on songea le moins. Si on avait poursuivi et varié l'expérience, ce surcroît de rapidité dans la progression du sang dont on accuse ainsi un travail phlogistique, on aurait reconnu qu'il n'est que le résultat des contractions de l'animal sous l'empire de la douleur; car si vous touchez avec l'alcali un point éloigné de la région exposée au microscope, vous observez également cette accélération, qui d'ailleurs est générale; et vous l'observez encore, quel que soit le moyen par lequel vous provoquez les contractions musculaires; le toucher même suffit parfois pour cela.

En parlant des physiologistes qui ont cherché à étudier l'inflammation chez la grenouille, j'ose à peine citer Kaltenbrunner, qui, dans quelques-unes de ses expériences, s'est livré à l'illusion avec un abandon presque naïf. Certes, l'erreur est trop commune, et tous les hommes y sont trop sujets, pour qu'on ne l'excuse pas. Mais en appeler au témoignage des sens, en faveur de faits qui n'ont jamais existé, pour de là tirer des conséquences à l'infini, et composer ainsi d'absurdes romans, c'est ce que la science ne saurait trop condamner et flétrir. J'avoue que c'est avec un sentiment pénible que j'ai lu le récit de cette expérience dans laquelle Kaltenbrunner dit avoir enflammé le mésentère d'une grenouille en l'exposant à l'air, et avoir amené la fièvre chez cet animal, fièvre qu'il dit avoir appréciée, l'œil fixé sur la membrane interdigitaire placée au foyer du microscope. Il a vu, dit-il, sur cette dernière membrane, la circulation d'autant plus rapide, et les colonnes de sang d'autant plus exiguës, que l'inflammation du mésentère faisait plus de progrès. Kaltenbrunner a eu en vue le pouls fréquent, petit et serré, qui accompagne les violentes phlegmasies abdominales; ses expériences ont été entreprises pour les besoins d'une doctrine; et les images dont son esprit était frappé sont venues prendre la place de la réalité.

Je ne saurais accorder plus de confiance aux assertions de M. Gendrin, qui, dans son *Histoire anatomique des inflammations*, a décrit des phénomènes réellement inflammatoires avec des détails minutieux qui leur donnent une empreinte ou du moins une apparence de vérité. Malheureusement, ces phénomènes ne se reproduisent pas si l'on répète les opérations de cet écrivain; et je crois que lui-même serait aujourd'hui fort embarrassé de les renouveler. Il dit avoir développé à la faveur de l'eau bouillante des phlyctènes sur les membranes de la grenouille, et il accuse l'inflammation d'un tel phénomène. Voici, à cet égard, ce que j'ai observé : ayant appliqué deux ligatures sur la cuisse d'une grenouille, je séparai le membre du tronc dans l'intervalle compris entre elles, et je le plongeai dans l'eau bouillante ainsi que le membre opposé qui tenait toujours à l'animal. Après cette

immersion, je n'observai aucune phlyctène;
seulement la peau se dépouillait du léger épiderme qui la recouvre; mais cet effet avait lieu
aussi bien sur le membre privé de vie et séparé
du tronc que sur celui qui, faisant encore partie
de l'animal, n'avait cessé de jouir de toutes ses
facultés vitales. Ce n'est évidemment là qu'un
phénomène physique qu'on ne saurait rattacher
à l'inflammation.

Si je n'ai pu développer, comme M. Gendrin,
des phlyctènes avec l'eau bouillante, pourrai-je
au moins, à la faveur du séton, amener la pro-
duction du pus? Et l'œil armé du microscope,
pourrai-je, comme lui, en observer les globules
dans leur formation autour de la plaie, et les
suivre dans leur marche convergente vers celle-
ci? Certes, la description détaillée que donne
cet auteur de tous ces phénomènes moléculaires,
serait une critique foudroyante du microscope,
si on pouvait jamais rendre un moyen d'obser-
vation responsable des défauts de l'observateur
lui-même. Pour moi, voici les résultats que m'ont
fournis mes propres expériences : ayant traver-
sé la cuisse d'une grenouille d'un séton de la largeur d'un centimètre, je conservai un mois cet
animal, et malgré le soin que je mis chaque jour
à observer la plaie, jamais je ne pus apercevoir
ni rougeur, ni gonflement, ni suppuration. Plu-

sieurs fois j'ai répété cette expérience, et toujours avec le même résultat. J'en ai rendu témoin
une commission choisie dans le sein de la société
de médecine du département de la Seine; j'ai
même, dans une séance de la compagnie, mon-
tré une grenouille dont la cuisse, depuis cinq
jours, était traversée d'un séton; et la plaie,
mise à nu par le professeur Auguste Bérard, ne
laissa découvrir ni pus, ni rougeur, rien en un
mot qui ressemblât, soit à l'inflammation, soit à
un produit d'inflammation.

Pour varier l'expérience, je traversai la cuisse
d'une grenouille d'une épingle qui séjourna
trente-six heures dans le membre. L'animal s'a-
gita vivement pendant cette opération; mais à
quelque moment qu'on l'examinât, jamais l'œil
armé d'une forte lentille ne put apercevoir d'injection sanguine. Le membre soumis à l'expérience avait exactement le même aspect que le
membre opposé. Sur ce même membre je prati-
quai ensuite six piqûres profondes, et j'obtins
une ecchymose étendue; mais d'inflammation,
point.

Il était important de savoir si le feu n'aurait
pas plus de pouvoir sur le développement de
l'inflammation que les autres agents vulnérants.
Une escharre d'un centimètre de diamètre fut
donc produite par un fer incandescent, sur la

partie interne de la cuisse d'une grenouille, et la chute s'en opéra sans le moindre travail inflammatoire. Le muscle mis ainsi à nu était d'une couleur grise, et ce ne fut que le vingtième jour qu'il se dépouilla de cette partie superficielle, qui sans doute avait été atteinte par le cautère actuel; et il apparut alors rosé comme à l'état normal.

Les parties internes de la grenouille ne se sont pas montrées, dans mes expériences, plus accessibles à l'inflammation que les tissus extérieurs. Ainsi, après avoir largement ouvert l'abdomen d'une grenouille, je mis un petit morceau de bois en rapport avec le mésentère, et la plaie fut fermée par une suture. Trente-six heures après, l'ouverture fut rétablie, et je trouvai le corps étranger enveloppé par le mésentère déchiré, mais aucune rougeur, aucune trace d'inflammation.

Je n'ai donc pu développer l'inflammation, quelque agent physique que j'aie mis en usage; et en présence de ces résultats négatifs, résultats incontestables, j'ai été peu surpris de la réclamation ambiguë qu'y a opposée M. Gendrin, quand on les lui a signalés. N'osant pas sans doute avancer une seconde fois qu'il avait réellement produit les phénomènes qu'il avait mentionnés dans son *Histoire anatomique des inflammations*, ce médecin s'est borné à récuser mon autorité; mais alors il devait récuser aussi l'autorité des membres de la commission, en présence desquels j'ai répété mes expériences. Certes, les autres expérimentateurs qui se sont occupés de ce sujet peuvent me surpasser en habileté, mais aucun ne me surpasse en bonne foi; et je me contente, dans la science, de l'autorité d'un homme qui ne dit avoir vu que ce qu'il a réellement bien vu.

N'ayant pas réussi, par les agents physiques, à produire l'inflammation sur les tissus de la grenouille, aurons-nous plus de succès avec les agents chimiques? J'ai dit les résultats qu'obtinrent de l'ammoniaque Haller et les physiologistes qui le suivirent; j'ai dit aussi qu'ils négligèrent de s'assurer de la nature des phénomènes observés : je devais donc remplir cette lacune. — Un pinceau imbibé d'ammoniaque fut promené sur la partie interne des deux cuisses d'une grenouille; et l'injection sanguine suivit de près le contact du liquide, dont l'application fut renouvelée d'une manière incessante pendant un quart d'heure. Les parties ainsi touchées devinrent d'un rouge foncé, se couvrirent d'une matière abondante, d'apparence glaireuse, légèrement sanguinolente, et l'animal expira. Certes, on aurait de la peine à imputer à une

2

simple inflammation un résultat aussi saillant et aussi prompt, surtout quand on voit la grenouille vivre plusieurs heures encore, et s'élancer même après avoir été privée à la fois de ses viscères abdominaux et thoraciques. Que se passe-t-il donc dans cette expérience? Cet arrêt le plus souvent immédiat de la circulation dans le point touché, et le mucus glaireux qui le recouvre, ne semblent-ils pas indiquer une combinaison chimique de l'ammoniaque avec le sang de l'animal, combinaison en vertu de laquelle ce liquide se coagule et s'arrête dans la partie où le surprend l'alcali? Pour lever, à cet égard, tous les doutes, j'ai recueilli dans un vase le sang d'une grenouille; et à peine quelques gouttes d'ammoniaque étaient-elles en contact avec ce liquide, que déjà la combinaison était opérée : et j'ai ainsi obtenu une matière d'un rouge noirâtre, et de consistance glaireuse.

Répétant alors l'application de l'ammoniaque sur la cuisse d'une autre grenouille, j'ai coupé le membre avant la mort de l'animal, dont la plaie ne fournissant point de sang, et présentant au contraire ce mucus noir et glaireux que j'ai signalé, m'a ainsi donné la certitude que le sang s'était combiné dans ses propres vaisseaux avec le réactif chimique.

Il reste donc incontestablement démontré que

les phénomènes observés chez la grenouille sous la puissance de l'ammoniaque ne se rattachent en rien à l'inflammation; et que la mort dont l'animal est frappé si promptement, n'est due qu'à l'action toxique de ce liquide, auquel ont livré passage les porosités des membranes. Il est évident que ce mucus glaireux n'est lui-même que le résultat de l'exhibition de certaines parties du sang, et de leur combinaison au dehors avec l'ammoniaque. C'est l'imbibition à double courant signalée par M. Magendie; c'est une application, sur l'animal vivant, de l'expérience de ce professeur, sur l'œuf dépouillé, dans un point, de son enveloppe calcaire, et plongé dans l'alcool. L'albumine coagulée à l'intérieur comme à l'extérieur, annonce infailliblement que les deux liquides se sont croisés dans leur passage à travers les porosités de la membrane de l'œuf; de même que ce mucus glaireux existant au dehors comme au dedans de l'animal, est un témoignage certain du double phénomène de l'endosmose et de l'exosmose.

Thomson avait, au moyen de l'eau salée, produit sur la membrane interdigitaire de la grenouille, une rougeur qu'il considérait comme inflammatoire. Cette expérience, que j'ai renouvelée sur la même région et sur la partie interne des cuisses, m'a fourni le même résultat;

mais on ne saurait en accuser l'inflammation,
comme l'a fait l'expérimentateur anglais, surtout
après avoir reconnu l'inaptitude de l'animal à
contracter cette affection sous l'empire de quelque agent physique que ce soit, comme sous
l'action des réactifs chimiques les plus puis-
sants. Toutefois, appuyée sur la seule induc-
tion, cette opinion appelait, pour sa confirma-
tion, de nouvelles expériences. Une grenouille
fut donc maintenue en contact, par toute la
région inférieure, avec une eau fortement salée :
grande fut l'agitation de l'animal, et il expira
en un quart d'heure, laissant apercevoir un engorgement très-notable des vaisseaux dont la
membrane abdominale est sillonnée. Placées
dans les mêmes conditions, d'autres grenouilles
furent retirées encore vivantes du liquide salin,
dès que la rougeur fut produite; et coupant
alors une cuisse pour obtenir le sang de l'animal, je pus m'assurer qu'il fournit une quantité
tantôt double, tantôt même quadruple de celle
que produit d'ordinaire une grenouille retirée
de l'eau pure, ou prise à l'air atmosphérique.
Mais ce n'est pas seulement par la quantité que
le sang ainsi obtenu de la grenouille soumise à
l'eau salée, se distingue de celui que laisse
écouler une grenouille à l'état sain : une différence très-notable encore se remarque dans la

manière dont se comportent ces deux liquides.
A l'état normal, le sang de la grenouille est entièrement coagulé après un repos d'un quart
d'heure; et, privé de sérum, il forme une masse
homogène qui conserve sa couleur et a seulement perdu sa fluidité. Fourni au contraire par
une grenouille qui a subi l'action de l'eau salée,
le sang, outre qu'il ne se coagule pas, se divise
bientôt en trois parties distinctes : une supé-
rieure, parfaitement limpide et salée au goût;
une moyenne, conservant sa couleur rouge
comme sa fluidité; enfin une inférieure, adhé-
rente au vase, d'un rouge plus intense, et d'un
aspect pulvérulent. Cette dernière couche n'est
autre chose qu'une agglomération de globules
précipités, et qui, placés sous la lentille du microscope, paraissent plus ou moins altérés dans
leur forme. Placez maintenant au foyer du microscope la membrane interdigitaire d'une grenouille, et touchez cette membrane avec l'eau
salée, la circulation va se ralentir, les tuyaux
sanguins vont augmenter de volume, et le sang
ou s'arrêtera tout à fait, ou n'aura qu'une progression saccadée isochrone aux pulsations du
cœur ou aux mouvements de la respiration,
au lieu d'être continue comme dans l'état normal. Un tel phénomène ne relève pas plus de
l'inflammation que la rougeur produite par l'am-

moniaque : par sa combinaison avec l'eau salée, le sang de l'animal se décompose, et la circulation s'embarrasse. Ici le sang ne s'arrête pas aussi promptement que sous la puissance de l'ammoniaque, parce que, tout décomposé qu'il est par l'eau salée, il conserve sa fluidité, tandis que dans sa combinaison avec l'ammoniaque il est immédiatement coagulé. Cette action de l'eau salée sur le sang de la grenouille est exactement la même, soit que le liquide circule dans les vaisseaux de l'animal, soit qu'on l'ait recueilli dans un vase. Dans ces dernières conditions, une seule goutte d'eau salée suffit pour séparer à l'instant les globules dans un rayon assez étendu; et c'est bien assez d'une telle similitude, pour rendre aux lois physiques un phénomène dont on a trop légèrement fait peser la solidarité sur les lois de la vie, et dont on a ainsi faussement argué à l'égard d'actes morbides avec lesquels il n'a rien de commun.

Tout en gardant le silence sur d'autres expériences dont la grenouille a été l'objet, je dois pourtant signaler l'acide sulfurique, qui a désorganisé la membrane de l'animal sans produire la moindre injection, soit sur la partie touchée, soit aux environs; et aussi l'alcool, qui, mis en rapport avec la région inférieure de l'animal, a produit la mort en quelques minutes, sans occasionner la moindre rougeur; et qui, mis en contact avec le sang recueilli au dehors, le convertit en une matière qui, par sa couleur et sa consistance, rappelle le chocolat tenant en suspension une certaine proportion de fécule.

De toutes les expériences dont j'ai fait le récit, je ne puis encore tirer que des conclusions applicables directement à l'animal sur lequel je les ai pratiquées. Ainsi n'ayant pu, quel que fût le moyen, agent physique ou chimique, développer l'inflammation sur la grenouille, j'en induis logiquement que cet animal n'est nullement susceptible de ce travail morbide; et sans rien préjuger sur les conditions organiques desquelles relève l'acte phlogistique, je puis dire avec assurance que ces conditions, la grenouille ne les possède pas. Mais la grenouille est un animal à sang froid, et il est important de savoir si les autres animaux de cette classe jouissent du même privilége. Or, voici une nouvelle série d'expériences entreprises dans le but d'éclaircir cette grande et belle question.

Sur une carpe de cinquante centimètres de longueur, j'ai incisé près de la colonne épinière, et dans l'étendue de trois centimètres, le derme et la première couche musculaire. Celle-ci, dont les fibres, divisées à angle droit, se sont aussitôt rétractées, a rendu la plaie béante; et dans cette plaie, ont été immédiatement versées quelques gouttes d'ammoniaque à 22 degrés. L'animal, dont l'agitation trahissait la douleur, a été tenu dix minutes hors de l'eau, et bien que l'application du liquide stimulant ait été plusieurs fois renouvelée dans la même journée, la plaie n'en a pas moins perdu la rougeur normale qu'elle avait au moment de l'incision, et elle s'est remplie d'une matière glutineuse pour servir de base à la cicatrice.

Cette matière n'était pas plus un produit d'inflammation que la matière végétale qui se forme à la section des plantes, car pendant tout le cours de cette expérience, je n'ai pas aperçu, un seul instant, la moindre injection sanguine, le plus léger gonflement; en un mot, il m'a toujours été impossible de reconnaître les caractères de l'inflammation.

Chez une carpe de même volume que la précédente, après avoir, dans un espace carré de quatre centimètres, arraché les écailles et enlevé cette espèce d'épiderme qui sert à les fixer et à les imbriquer, j'ai pratiqué des scarifications sur le derme ainsi dénudé, et je l'ai arrosé d'ammoniaque. L'animal a été ensuite tenu la tête et une partie du corps dans l'eau, afin de lui conserver toute sa vitalité; et, pendant dix minutes, l'application du réactif a été sans cesse renouvelée. Plusieurs fois, dans la journée, la portion de peau ainsi dépouillée fut mise en contact, soit avec l'ammoniaque, soit avec la teinture de cantharides; et jamais l'œil, armé ou non d'une forte lentille, ne put apercevoir la moindre injection sanguine, le moindre signe d'inflammation. Le résultat le plus saillant qu'ait fourni cette expérience, c'est une vive agitation de l'animal, à l'avulsion des écailles.

Le lendemain, sur la même carpe, et dans la partie déjà dénudée, enlevant un lambeau de derme de près de deux centimètres carrés, je mis ainsi à découvert la première couche musculaire, sur laquelle les applications de la veille furent plusieurs fois réitérées; et le résultat, comme dans l'expérience précédente, fut complétement nul. Cette carpe, qui me servit encore à deux autres expériences que je vais signaler, fut, chaque jour, examinée plusieurs fois; et, loin de rougir et de s'injecter, les fibres musculaires blanchirent progressivement, au point d'exiger quelque attention pour être distinguées de la peau.

Dans ces diverses expériences, l'ammoniaque n'a point produit cette rougeur intense que nous avons vue déterminée si promptement sur les tissus de la grenouille, et pourtant je me suis assuré que le sang de la carpe se combine avec l'ammoniaque comme celui de la grenouille, de manière à former un composé d'un rouge noir et de consistance glaireuse. Cette différence dans les résultats tient à deux causes : et au petit nombre de vaisseaux qui parcourent la peau de la carpe comparativement à ceux qui sillonnent en grand nombre les membranes de la grenouille, et à la faculté d'imbibition de ce dernier animal, faculté prodigieuse, puisque en quelques minutes l'eau salée double déjà, dans les tuyaux circulatoires, le liquide qu'ils contiennent à l'état normal.

Chez la carpe, sujet des dernières expériences, les écailles enlevées de l'autre côté de l'épine, dans l'espace carré de six centimètres, quinze gouttes d'acide sulfurique concentré ont été répandues sur le derme, et la partie soumise à l'expérimentation a été maintenue trois minutes hors de l'eau. À dater de ce moment, l'animal a paru craindre le moindre mouvement : se laissant toucher, pousser, saisir, il semblait obéir comme un corps inerte à toutes les impulsions qu'on lui imprimait. Cette immobilité presque absolue a duré huit jours, après lesquels l'animal a paru reprendre et le mouvement et la vie. Pendant cette période, la peau cautérisée était devenue grisâtre, et se séparait par lambeaux. Quinze jours après l'application de l'acide sulfurique, voulant reconnaître jusqu'à quelle profondeur avait pénétré ce réactif, je sacrifiai l'animal, et je vis que la première couche musculaire avait été avec la peau atteinte par le caustique, et que, dans l'étendue d'un pouce, elle était réduite en une pulpe grisâtre, facile à détacher, et dans laquelle on ne reconnaissait plus les traces de son organisation première. Nulle part encore, vers les parties environnantes, on ne pouvait découvrir les moindres vestiges d'inflammation.

Ce n'était point assez d'avoir mis en usage les agents chimiques; il fallait aussi que les violences physiques vinssent, par leur résultat négatif, décider la question. Dans une partie préalablement dépouillée de ses écailles, fut enfoncée, chez une carpe, à une profondeur de deux centimètres, une cheville de bois armée d'aspérités, et d'un diamètre de cinq millimètres dans la plus grande partie de son étendue. Après avoir séjourné trois jours dans les chairs de l'animal, cette cheville n'eut d'autre effet que de pâlir les fibres musculaires avec lesquelles elle se trouvait en rapport.

Le même effet a suivi la cautérisation par le fer incandescent : une escharre de quinze millimètres se détachant après quarante-huit heures, à l'occasion d'un mouvement violent de l'animal, a laissé une plaie comme produite par un emporte-pièce; et les fibres musculaires qui en formaient le fond étaient moins rouges qu'elles ne le sont à l'état normal. Et ici encore, ni gonflement, ni pus, rien enfin qui pût faire supposer l'existence de l'inflammation.

Il reste donc bien démontré que les poissons, pas plus que les batraciens, ne sont susceptibles du travail morbide qui constitue l'inflammation; et c'en est assez pour conclure que ce genre de maladie est complétement étranger à la pathologie des animaux à sang froid. Une autre conséquence qui découle encore directement de ces expériences, c'est que le travail de cicatrisation ayant lieu chez ces animaux avec au moins autant d'énergie que chez les animaux à sang chaud, ne se rattache point, comme on l'a cru jusqu'à ce jour, à l'inflammation; et la conduite des chirurgiens modernes qui mettent l'eau froide en usage sur les plaies, pour éviter ou éteindre cette complication, ne peut que fortifier cette manière de voir.

Si l'organisation des animaux à sang froid ne se prête point au travail morbide de l'inflammation, c'est donc aux animaux à sang chaud qu'il faut s'adresser pour étudier les phénomènes de cette affection, et pouvoir tirer des conséquences applicables à la pathologie humaine. Mais ce genre de recherches présente de telles difficul-

tés, que j'ignore si elles ne sont pas insurmontables. En 1827, quelques expériences sur de petits chiens, des chats et des rats, furent tentées
à ce sujet par le docteur Leuret, qui, rapprochant quelques faits pathologiques des résultats
obtenus, fut conduit à émettre les propositions
suivantes : *que les phénomènes de l'inflammation
consistent : 1° dans l'interruption de la circulation
dans un certain ordre de vaisseaux, tandis que
l'énergie de certains autres est activée; 2° dans la
dilatation passive des capillaires; 3° dans leur déchirure; 4° enfin dans l'état particulier du sang.*
Lors même que ces quatre propositions seraient
vraies, la question n'en serait pas beaucoup plus
avancée; car elles énoncent divers phénomènes
dont on n'aperçoit point la filiation, dont on ne
saisit point la loi. Toutefois les conclusions de
M. Leuret sont beaucoup trop absolues, et ses
expériences ne les justifient pas. C'est sur le mésentère d'animaux à sang chaud qu'elles ont été
pratiquées, et il ne faut pas perdre de vue que
cette membrane, exposée à l'air pendant une
heure et quelquefois davantage, a dû s'injecter
sous la seule influence de la température extérieure, par un mécanisme qui n'a rien de vital,
et auquel par conséquent l'inflammation est
complétement étrangère. On sait, depuis les expériences de M. Poiseuille, qu'un liquide mû

dans un tuyau par une puissance donnée, chemine d'autant plus vite que la température en est plus élevée. Or, le sang dont la circulation est favorisée dans l'abdomen de l'animal par une chaleur portée à 36 ou 38 degrés, ne trouvant plus à l'extérieur qu'une température de 15 à 20°, doit nécessairement être ralenti dans sa progression, et surtout dans son retour par les veines ; il doit même s'arrêter dans les capillaires les plus déliés, et par son accumulation simuler, jusqu'à un certain point, l'état inflammatoire. C'est par le même mécanisme que rougissent les mains trempées dans l'eau froide, et ce phénomène n'a rien de phlogistique. Cette action de la température sur la circulation chez les animaux à sang chaud, on n'en a tenu aucun compte dans les expériences tentées jusqu'à ce jour pour pénétrer le secret pathologique de l'inflammation ; et elle entache dans leur principe toutes les conséquences qu'on a cru pouvoir déduire. Une telle condamnation, M. Dubois (d'Amiens) ne saurait en affranchir les observations qu'il a faites sur les mésentères de jeunes souris et de chats nouveau-nés ; et dans tous les phénomènes qu'il a mentionnés, tels que l'accélération momentanée du cours du sang, le ralentissement de ce fluide, les propulsions intermittentes, les oscillations, les mouvements de

va et vient, la température extérieure est toujours un élément d'une grande valeur. On peut
s'assurer par l'expérience suivante de la puissance qu'emprunte au calorique la circulation
sanguine : disposez au foyer du microscope la
membrane interdigitaire d'une grenouille, et ap-
prochez un fer incandescent à deux ou trois centimètres, plus ou moins, suivant la force de l'animal; vous verrez la circulation augmenter de vitesse, acquérir une extrême rapidité, et devenir
même apparente dans des tuyaux qu'on n'aper-
cevait pas d'abord. Ce secours que prête le calorique à la marche des liquides circulants, ex-
plique parfaitement l'absence, chez les animaux
à sang froid, de ce réseau capillaire divisé à l'infini dans les tissus des animaux à sang chaud.
Pour circuler dans des tuyaux d'un calibre tellement exigu qu'il est estimé par la plupart des
micrographes un cent-cinquantième de millimè-
tre, aucuns disent un neuf-centième, il fallait
au sang, avec des globules justement propor-
tionnés, un degré de température assez élevé;
et les animaux à sang froid n'ayant point la faculté de produire du calorique comme les animaux d'une structure plus compliquée, subissant
au contraire toutes les variations de température
du milieu dans lequel ils vivent; les animaux à
sang froid, s'ils eussent été pourvus d'un sys-

tème capillaire très-ténu, n'auraient point trouvé dans leur organisation les éléments nécessaires à la progression du sang dans ces infinies divisions.

La température extérieure n'est pas la seule circonstance qui complique les résultats des expériences tentées sur les animaux à sang chaud dans le but d'étudier l'inflammation. Ces expériences présentent aussi de grandes difficultés, et par le sang qui vient baigner le mésentère, et par les contractions de l'animal, qui, bien qu'assujetti avec solidité, parvient encore à se mouvoir et à déplacer ainsi la portion de membrane exposée à la lentille du microscope. Ajoutez à cela que, assez peu étendu en largeur pour ne se prêter que difficilement à l'expérience, le mésentère, chez les très-jeunes animaux, est d'une organisation tellement délicate, qu'il se déchire à la moindre traction. Enfin, une dernière circonstance qui s'oppose au succès de pareilles recherches, c'est la disposition anatomique des vaisseaux sanguins du mésentère : rampant dans la duplicature de cette membrane sans fournir aucune branche apparente, les vaisseaux ne se divisent que vers l'intestin pour l'embrasser là où il n'y plus de transparence possible. Je n'ignore pas que l'inflammation peut déceler la présence de vaisseaux que l'état normal n'avait point fait connaître, surtout dans les membranes séreuses; soit que les globules rouges passent dans des tuyaux où ils ne sont point admis d'ordinaire, soit que le liquide devienne plus accessible à la vue par son volume augmenté. Mais, pour qu'un tel phénomène s'opère, il faut un temps dont la durée serait incompatible avec l'existence de l'animal. Le poumon serait bien encore d'une organisation assez délicate pour se prêter aux recherches microscopiques; mais il contient des vaisseaux de plusieurs ordres. Le sang de l'artère bronchique et celui de l'artère pulmonaire s'y rendent dans un but différent : élément de la nutrition, condition nécessaire à l'animation du système nerveux, c'est un rôle actif que remplit le premier, c'est la vie qu'il porte avec lui. Le second, au contraire, est passif dans sa mission : au lieu d'agir sur le poumon, c'est le poumon qui agit sur lui, et qui agit même en vertu de l'activité que lui communique le fluide de l'artère bronchique. Sans doute il peut être embarrassé dans sa progression; ce sang de l'artère pulmonaire peut former des engorgements plus ou moins étendus; mais ces engorgements ne sauraient être assimilés à l'inflammation. Obéissant aux lois de la pesanteur, le sang, pour former ces congestions, se réunit toujours dans les parties les plus déclives de l'organe, tandis que, relevant de l'artère bronchique, l'inflammation éclate indistinctement dans tous les points. Là, ce n'est qu'un phénomène physique qui ne s'accompagne directement d'aucun symptôme fébrile; ici, au contraire, c'est un acte vital qui marque par la fièvre son influence sur l'économie entière, et c'est à la nature différente des vaisseaux bronchiques et pulmonaires qu'il faut rattacher une telle diversité dans les caractères pathologiques. Or, le microscope étant incapable de faire distinguer les tuyaux sanguins de l'un et de l'autre ordre, ne pourrait fournir que des déductions sans valeur et frappées d'avance de nullité.

Certes, c'en était assez pour renoncer à une telle voie d'expérimentation; et en présence de toutes ces difficultés, c'est encore au mésentère de jeunes animaux que j'ai cru devoir m'adresser. A quinze jours déjà, chez les chiens et les lapins, les vaisseaux sanguins de cette membrane ont perdu toute transparence; et il m'a été impossible, malgré le soin que j'ai mis à diriger l'expérience, d'apercevoir le mouvement progressif du sang. Cheminant dans la duplicature du mésentère, les tuyaux de la circulation sanguine apparaissent sous la forme de gros cordons rouges complétement opaques, et on ne voit en émerger aucune division d'un moindre calibre. D'ailleurs, la membrane, dans l'intervalle de ces vaisseaux, est d'une transparence parfaite; et l'on n'y aperçoit que de rares tuyaux charriant un liquide blanc qui décompose la lumière à la manière du prisme. Sur des chiens de cinq jours, j'ai vu assez bien la circulation sanguine, mais jamais pourtant d'une manière aussi distincte que sur les grenouilles; et pour prolonger l'expérience, il m'a fallu déplacer souvent le microscope, afin d'affranchir le mésentère du sang qui en détruisait la transparence. Toutefois ce n'est que sur des vaisseaux isolés qui j'ai pu ainsi reconnaître le mouvement du fluide circulatoire; et l'on conçoit aisément que l'inflammation étant un acte qui embrasse une multitude de capillaires, se soustrait à toutes les déductions que j'aurais cru devoir tirer des phénomènes observés. Mon but ici était d'essayer l'action de quelques agents chimiques sur la circulation, et de vérifier ainsi la valeur des expériences du docteur Leuret, expériences qui l'avaient conduit à cette conclusion : *qu'un certain état du sang est un phénomène de l'inflammation.* Ce médecin avait annoncé que l'application du nitrate de potasse avait, dans ses expériences, arrêté la circulation, tandis que celle-ci avait été promptement rétablie par l'application du tartrate antimonié de potasse.

Certes, je ne suis point surpris des résultats obtenus par M. Leuret : les expériences qu'il a pratiquées sont tellement délicates; tant de causes peuvent modifier la circulation dans une membrane exposée à l'air froid; et la bonne foi de l'auteur est si bien connue, qu'on ne saurait contester le témoignage de ses sens. Mes essais néanmoins ne m'ont pas fourni des phénomènes absolument semblables; car, à la faveur du microscope, j'ai vu la circulation s'opérer, puis n'être plus apparente, pour le redevenir encore, soit que j'aie employé la solution de nitrate de potasse, soit que j'aie mis en usage la solution de tartre stibié, soit enfin qu'abandonnant la membrane à la seule impression de l'air, je ne l'aie soumise à aucun réactif. Les mouvements de l'animal m'ont paru avoir plus d'influence sur ces divers phénomènes que les topiques salins dont je viens de parler. Pratiquant ses expériences à une époque où le tartre stibié avait acquis une grande célébrité comme contre-stimulant, M. Leuret n'aurait-il pas été séduit par le désir d'expliquer expérimentalement la vertu de ce médicament? On sait ce que peut la prévention dans l'examen d'une question, surtout quand cette prévention est partagée par la majorité du public auquel on s'adresse. Toutefois on doit des éloges à M. Leuret, qui, tout en produisant avec trop de confiance des interprétations hasardées, a du moins toujours respecté les faits, et n'a pas craint d'infirmer lui-même, par l'aveu suivant, les propositions qu'il avait déduites de ses propres expériences : *J'ai, dit-il, répété plusieurs fois cette expérience ; mais le résultat n'en a pas toujours été aussi marqué ; il est même arrivé que l'émétique a fait cesser la circulation, et donné aux vaisseaux le même aspect que le nitrate de potasse.* Quoi qu'il en soit, lors même que les expériences de M. Leuret fourniraient constamment des résultats identiques, elles ne prouveraient nullement qu'un certain état du sang est nécessaire à l'acte morbide de l'inflammation. Les violences physiques peuvent le faire surgir tout aussi bien que les agents chimiques; et là il n'est plus permis de supposer une composition anormale du sang. D'un autre côté, les fluides peuvent être altérés sans produire l'acte phlogistique; et M. Leuret a bien senti cette vérité, puisqu'il termine son second mémoire en faisant observer *que peut-être on sera conduit à diminuer le nombre des maladies regardées comme inflammatoires, et à assigner à quelques-unes d'entre elles un tout autre caractère.*

Allant au delà de cette prédiction, le professeur Magendie rejette d'une manière absolue l'acte morbide de l'inflammation. Selon lui, ce n'est qu'une maladie imaginaire, un rêve de nos écoles. Tout ce qui est considéré comme tel, est placé par lui sous la dépendance des lois chimiques ou physiques; et c'est dans l'altération du sang qu'il voit la cause de la plupart de ces congestions qui, dans la science, prennent le titre d'inflammations. Il faut l'avouer, les fragiles hypothèses qui, jusqu'à ce jour, ont embarrassé notre art, étaient bien propres à inspirer cette négation, surtout quand, par l'étude des phénomènes physiques de l'organisation, on a pu, comme l'a fait le professeur du Collége de France, démontrer qu'il est une multitude d'actes physiologiques et pathologiques dont le mécanisme n'est resté obscur que parce qu'on a voulu les soustraire aux lois générales. Certes, c'est avec raison que le savant professeur a rendu aux lois physiques des phénomènes qui leur appartiennent réellement, et qu'il sape ainsi, chaque jour, dans ses remarquables leçons, l'échafaudage suranné de ces propriétés vitales, conçues par des esprits impatients, transmises par une foi traditionnelle, et respectées par le préjugé. Mais de ce qu'on n'a point encore saisi le principe de l'inflammation, de ce qu'on n'en a point encore fixé le mécanisme, il ne s'ensuit pas qu'on doive rejeter de la pathologie un travail particulier qui a reçu ce nom, et qui trouve sa raison ailleurs que dans un obstacle matériellement appréciable à la circulation. En apportant des modifications à la composition du sang, le professeur du Collége de France a déterminé des congestions dans divers organes dont les tuyaux vasculaires se sont alors refusés au passage du liquide circulatoire : sans examiner ici la nature de ces congestions, et en supposant qu'elles eussent les caractères assignés à l'inflammation, un tel fait ne saurait empêcher que des congestions sanguines ne puissent se former sans altération du sang, comme sans obstacle mécanique à la circulation; et celles-ci, vous serez bien forcé de les rattacher à un travail particulier, auquel, si vous voulez, vous donnerez un autre nom que celui d'*inflammation,* mais pour lequel il faudra toujours une place dans la pathologie. Vainement pour expliquer la phlogose survenant sous l'empire des violence physiques, le professeur Magendie invoquera-t-il une compression exercée sur un certain nombre de vaisseaux, compression arrêtant la circulation dans un point, et déterminant autour un engorgement par cet obstacle même, comme le ferait une digue dans un canal : les nombreuses anastomoses qui distinguent le système vascu-

laire écartent cette opinion, dont une expérience bien simple démontre d'ailleurs le peu de
fondement. Comprimez de la pulpe du doigt,
une partie du corps quelconque, la main, par
exemple, à sa face dorsale : une auréole blanche
vous indiquera que la compression est faite
avec assez de force; et nulle part autour, vous
ne verrez la circulation s'arrêter, l'engorgement
se produire. Enfoncez maintenant dans la peau
une épingle ou tout autre corps étranger d'un
volume exigu : certes, la compression qu'il exer-
cera sur les vaisseaux sanguins, l'obstacle mécanique apporté par sa présence à la circulation, ne seront nullement comparables aux
effets de même nature que vous détermiuiez
tout à l'heure par votre doigt; et pourtant un
cercle rouge environne ce corps étranger. Il
se passe donc là un phénomène qui, tout mécanique qu'il soit, ne se rattache pas plus à un
obstacle matériel à la circulation, qu'à une altération du sang. Ne vous ai-je pas signalé d'ailleurs une expérience dans laquelle un corps
étranger mis en rapport avec le mésentère
d'une grenouille a pu le déchirer sans y produire d'engorgement sanguin, tandis que chez
les animaux à sang chaud, la moindre violence
suffit pour rougir et injecter douloureusement
cette membrane; et n'est-ce point assez pour

démontrer, dans l'organisation des animaux supérieurs, une faculté qui manque aux animaux
inférieurs, et de laquelle relève le phénomène
pathologique qui a reçu le nom d'inflammation?

Ainsi, d'un côté, je ne saurais adopter l'interprétation que, jusqu'à ce jour, les diverses
écoles ont cru devoir donner aux expériences
pratiquées sur les animaux à sang froid relati-
vement à l'inflammation; et, d'un autre côté, je
ne puis admettre davantage l'opinion du professeur Magendie, qui rejette indistinctement
cet acte morbide de la pathologie. En affran-
chissant de l'inflammation la pathologie des
animaux inférieurs, mes expériences en démontrent la réalité chez les animaux supérieurs, et
signalent ainsi dans les maladies la même gra-
dation qui existe dans les actes physiologiques,
selon le développement successif de l'organisation dans la série des êtres. Ces expériences éta-
blissent encore que les animaux dits à sang
froid ne produisent point de calorique, et qu'ils
partagent d'une manière absolue la température du milieu qui les environne. Enfin, elles
démontrent sur l'animal vivant l'influence de la
chaleur sur la circulation sanguine.

Je pourrais maintenant, pénétrant plus avant
dans la science, féconder les résultats directs
de ces expériences et m'élever à des déduc-

tions étendues, et d'une importance majeure ; mais elles auraient fait sortir mon travail des limites que je m'étais prescrites, limites entre lesquelles se trouvent uniquement des faits qui portent avec eux-mêmes leur propre interprétation.

FIN.